BEI GRIN MACHT SICH IHR WISSEN BEZAHLT

- Wir veröffentlichen Ihre Hausarbeit, Bachelor- und Masterarbeit

- Ihr eigenes eBook und Buch - weltweit in allen wichtigen Shops

- Verdienen Sie an jedem Verkauf

Jetzt bei www.GRIN.com hochladen und kostenlos publizieren

Udo Dammer

Deutsche Klassiker

Band 1

Über die Aufzucht der Raupe des Seidenspinners mit den Blättern der Schwarzwurzel (Scorzonera hispanica L.)

Ein Beitrag zur Lösung der Seidenbaufrage in Mittel- und Nordeuropa - revidierte Auflage

GRIN Verlag

Bibliografische Information der Deutschen Nationalbibliothek:

Die Deutsche Bibliothek verzeichnet diese Publikation in der Deutschen National-
bibliografie; detaillierte bibliografische Daten sind im Internet über http://dnb.d-
nb.de/ abrufbar.

Impressum:

Copyright © 2008 GRIN Verlag GmbH
Druck und Bindung: Books on Demand GmbH, Norderstedt Germany
ISBN: 978-3-640-19118-5

Dieses Buch bei GRIN:

http://www.grin.com/de/e-book/117035/ueber-die-aufzucht-der-raupe-des-seiden-
spinners-mit-den-blaettern-der-schwarzwurzel

Über die Aufzucht der Raupe des Seidenspinners

(Bombyx Mori L.)

mit den Blättern der Schwarzwurzel

(Scorzonera hispanica L.)

bei einer gleichmäßigen Temperatur von 18 bis 20° R.[1]

Ein Beitrag zur Lösung der Seidenbaufrage in Mittel, und Nordeuropa

von

Prof. Dr. Udo Dammer
Kustos am königlichen Botanischen Garten zu Berlin-Dahlem

Zweite Auflage

Mit 6 Abbildungen

erstmals erschienen1915

Vorwort.

Während die Aufzucht der Seidenraupen mit den Blättern des Maulbeerbaumes bereits in Norddeutschland auf größere Schwierigkeiten stößt, weil der Maulbeerbaum hier nicht mehr vollkommen winterhart ist, ist dieselbe mit den Blättern der Schwarzwurzel (Scorzonera hispanica L.) jetzt sogar noch in St. Petersburg durchgeführt und auch noch weiter nördlich ausführbar.

Zwar war die Schwarzwurzel schon seit längerer Zeit als Futterpflanze der Seidenspinnerraupe bekannt, aber eine erfolgreiche Zucht der Raupen mit diesem Futter scheiterte so lange, wie man nicht wusste, dass die Raupen bei diesem Futter eine besonders gleichmäßige Temperatur von 18 bis 20° R[1] brauchen. Ist nun damit auch die Seidenraupenzucht noch nicht am Endziel angelangt, weil eine so hohe gleichmäßige Temperatur längere Zeit nur durch Heizung erzielt werden kann, so ist doch die Seidenbaufrage dadurch ein wesentliches Stück weiter ihrer Lösung entgegengeführt worden, und es ist Aussicht vorhanden, daß nun auch noch der letzte Schritt, die Zucht einer akklimatisierten, gegen niedere Temperaturen unempfindlichen Rasse durch planmäßige Auslese bald getan wird. Die neue Zuchtmethode hat den großen Vorteil, daß die Nährpflanze bei und überall vollständig winterhart ist und schon im zweiten Jahre zur Aufzucht der Raupen verwendet werden kann. Die Anlage einer Seidenraupenzucht erfordert kaum nennenswerte Anlagekapitalien, das Schneiden des Futters und die Pflege der Raupen können von Frauen und Kindern leicht besorgt werden; der gefährlichsten Krankheit der Seidenraupen, welche den Seidenbau bei uns vollständig vernichtet hatte, kann jetzt durch sorgfältige Nachzucht und Pasteurschem[2] Zellensystem vorgebeugt werden. So dürfte sich der Seidenbau überall dort, wo die bisherige Hausindustrie nicht mehr lohnend ist, zu einer Hausindustrie eignen, welche gesund und

---

[1] Grad Réaumur - Die Réaumur-Temperaturskala war in Europa, insbesondere in Frankreich und Deutschland, weit verbreitet, wurde aber nach und nach wegen der besseren Berechenbarkeit durch die Celsius-Skala abgelöst. Nachdem man 1901 die amtliche Temperaturmessung von Grad Réaumur auf Grad Celsius umstellte, wurde die Réaumur-Temperaturskala nahezu bedeutungslos. Sie wird heute nur noch sehr selten verwendet, so zum Beispiel in der Süßwarenindustrie und häufiger noch bei der Alp-Käseherstellung in der Schweiz oder in Italien; Umrechnung: $1° C = 1° R \cdot 1{,}25$.
http://de.wikipedia.org/wiki/Réaumur-Skala.

gewinnreich ist. Wo die Heizmaterialien billig sind, wird sich die Einführung dieser Hausindustrie schon jetzt ermöglichen lassen. Eine allgemeine Einführung derselben wird allerdings erst nach der Züchtung der akklimatisierten Rasse erfolgreich sein. Mögen die folgenden Zeilen dazu beitragen, das Ziel zu erreichen, welches Friedrich der Große bereits anstrebte, Deutschland in seinem Seidenbedarf vom Auslande unabhängig zu machen. Die Millionen, welche jetzt für Seide ins Ausland wandern, würden dann im Lande bleiben und gerade denjenigen zugute kommen, welche jetzt zu den wirtschaftlich am Schwächsten gehören.

Der Verfasser.

Vorwort zur zweiten Auflage.

Wenige Industriezweige eignen sich so wie der Seidenbau zur Hausindustrie. Wo immer er betrieben wird, sind es die schwachen Kräfte der Frauen und Kinder, welche ihn ausführen. Die jetzige große Zeit führt nun leider auf Jahrzehnte zu diesen schwachen Kräften noch eine große Schar Kriegsbeschädigter, die nicht mehr imstande sind, ihren bisherigen Beruf ausführen. Unsere Pflicht ist es, ihnen Berufe zu erschließen, in denen sie die ihnen verbliebenen Kräfte zu eigenem Nutzen verwenden können. Der Ehrensold, welchen ihnen das dankbare Vaterland verleiht, ist nicht imstande, ihnen auf die Dauer innere Befriedigung zu gewähren. Der Segen der Arbeit würde ihnen verloren gehen, wenn wir nicht dafür sorgen, daß sie eine Beschäftigung finden, in welcher sie die Ihnen gebliebenen Kräfte zu eigenem Vorteile ausnutzen können. Da kann der Seidenbau mit vollem Erfolge eintreten, Bisher bezogen wir unsere Seide aus denjenigen Ländern, welche uns in diesem Weltbrande als Feinde entgegenstehen. Millionen wanderten alljährlich in das feindliche Ausland, welche wir als einen Tribut dieser Staaten zahlen mußten. Diese Millionen können wir uns erhalten, sie können unseren Braven zugute kommen. Sie werden eine dauernde Kriegskontribution unserer Feinde sein.

Ein Hindernis scheint sich dem Seidenbaue bei uns in den Weg zu stellen. Bisher wurden die Raupen des Seidenspinners mit den Blättern des Maulbeerbaumes gefüttert. Maulbeerbäume sind aber bei uns nur spärlich vorhanden, und Bäume kann man nicht aus der Erde stampfen. Sie brauchen Jahre, bis sie so weit sind, dass ihnen ohne Schaden ein Teil ihres Laubes genommen werden kann. Schnelle Hilfe tut aber unseren Tapferen not. Da will es nun die Ironie der Weltgeschichte, daß gerade eine Russin es sein mußte, welche zeigte, wie die schon längst als Futterpflanze der Seidenraupe bekannte Schwarzwurzel mit Vorteil zur Seidenzucht verwendet werden kann. Als ich vor neunzehn Jahren in Petersburg bei Werderewski diese Zuchtmethode eingehend studierte, deren Ergebnis die vorliegende Schrift war, da ahnte ich freilich nicht, daß dieses Studium noch einmal den Erfolg haben würde, in dieser Weise unserem Vaterlande zu nützen. Ich habe mich damals, einige Jahre später, durch im Großen durchgeführte Versuche überzeugt, daß auf dieser Grundlage der Seidenbau bei uns sehr gut durchführbar ist, wenn genau nach den in der vorliegenden Schrift angegebenen Anweisungen verfahren wird. Dankbar gedenke ich noch heute der wirksamen Unterstützung, welche mir damals zwei Männer gewährten, von denen den einen leider bereits seit Jahren der kühle Rasen deckt, während sich der andere noch heute bester Gesundheit erfreut: die Herren Geheimer Oberregierungsrat Simon und Geheimer Regierungsrat Gürtler. Dankbar sei auch jenes Mannes gedacht, in dessen Händen die technische Durchführung der Versuche lag, des damaligen Direktors der Webschule in Rowawes, der mit unermüdlicher Treue die Versuche Rowawes ausführte.

Wie aus den folgenden Zeilen hervorgeht, erfordert der Seidenbau eine besonders peinliche Pflichterfüllung. Das aber ist es ja gerade, was unseren lieben Kriegsbeschädigten in Fleisch und Blut übergegangen ist, und weshalb gerade sie sich so besonders für den Seidenbau eignen. Pünktlichkeit und Sauberkeit sind die Grundpfeiler des Seidenbaues, wenn er Erfolg haben soll.

Die Schwierigkeiten, welche sich sonst dem Seidenbaue entgegenstellten, sind leicht zu überwinden. Der größte Feind, die Körnchenkrankheit der Seidenraupe, kann durch das Pasteurisieren[2] fern gehalten werden. Sache der interessierten Kreise wird es sein, dafür zu sorgen, daß in Deutschland nur pasteurisierte Eier zur Verwendung gelangen. Und auch die anderen Schwierigkeiten sind jetzt überwunden, welche früher der Ausdehnung des Seidenbaues bei uns als Hindernis entgegentraten. Es ist dafür gesorgt worden, daß die erzogenen Kokons bei uns einen Markt finden, so daß der Züchter einen sicheren, lohnenden Absatz für deine Produkte hat. Die einleitenden Schritte sind getan, den deutschen Seidenbau gleich von vornherein zu organisieren, und ich kann jedem, der sich dem Seidenbaue zuwenden will, nur dringend raten, sich dieser Organisation, über die ich gern Auskunft gebe, anzuschließen, In diesem Jahre ist der vorgerückten Jahreszeit wegen der Beginn der Zucht nicht mehr möglich, schon deshalb nicht, weil die Futterpflanzen fehlen. Aber es ist noch die Zeit, die Futterpflanzen heranzuziehen, so daß im nächsten Jahre der Seidenbau im großen Maßstabe aufgenommen werden kann. Die Zeit bis dahin kann damit

---

[2] Gemeint ist hier nicht eine kurzzeitige Erwärmung. Erklärung siehe Seite 25.

ausgefüllt werden, die für die Zucht nötigen Einrichtungen auszuführen. Diese sind so leicht herzustellen, daß sie sich jeder selbst anfertigen kann.

Berlin-Dahlem, am 1. Juli 1915

Udo Dammer

Inhalts=Verzeichnis.

Die Schwarzwurzel.

Die Schwarzwurzel (Scorzonera hispanica L.) ist eine in Südeuropa wildwachsende Pflanze aus der Familie der Körbchenblüter oder Compositae. Bei uns in Deutschland kommt sie bisweilen auf Grasplätzen, sonnigen Hügeln und ähnlichen Standorten, meist wohl nur verwildert, vor. Dagegen wird sie, namentlich in Süd= und Mitteldeutschland, neuerdings auch in Norddeutschland, ihrer äußerst wohlschmeckenden Wurzeln wegen vielfach angebaut. Die Pflanze ist ausdauernd, erreicht eine Höhe von 60 bis 125 Zentimeter, hat eine grundständige Rosette eiförmig=länglicher bis lanzettlicher, vorn zugespitzter Blätter, aus welcher sich oberwärts ästige Stängel erheben, deren Aeste je ein Blütenkörbchen tragen. Der kahle Hüllkelch dieser ist halb so lang wie die gelben Blüten. Die bei uns im Juni und Juli erscheinenden Blütenkörbchen haben einen Durchmesser von 4½ bis 5 Zentimeter, Dic Samen behalten ihre Keimkraft höchstens zwei Jahre. Frische Samen, gleich nach der Ernte ausgesäet, keimen leicht und sicher, ohne nennenswerten Ausfall, ältere Samen liegen längere Zeit in der Erde und keimen dann nur noch zum Teil.

Während zu einer erfolgreichen Kultur der Pflanze behufs[3] Gewinnung der Wurzeln ein sehr tiefgründiger, gut gelockerter Boden von vorzüglicher Beschaffenheit notwendig ist, ist für die Kultur der Schwarzwurzel als Futterpflanze der Seidenraupe ein magerer Boden vorzuziehen, weil saftstrozende Blätter sich nicht so gut als Futter eignen wie derbere Blätter. Aus diesem Grunde sind auch erst die Blätter der zwei= oder mehrjährigen Pflanze als Futter verwertbar. Die Aussaat erfolgt entweder im Herbst oder so zeitig wie möglich im Frühjahre, und zwar auf Beeten in Reihen, welche 10 Zentimeter von einander entfernt sind. Um die Blätter bequem schneiden zu können, mache man die Beete nicht breiter als einen Meter. Nachdem die Beete umgegraben und glatt geharkt sind, spannt man eine Schnur 5 Zentimeter vom langen Beetrande entfernt längs desselben, zieht mit dem Harkenstiel an derselben entlang eine flache Furche und legt in Abständen von genau 10 Zentimetern je 2 bis 3 Samen zusammen. Die ersten Samen werden 5 Zentimeter vom schmalen Beetrande entfernt gelegt. Dann rückt man die Schnur um 10 Zentimeter weiter,

---

[3] Original-Seite 9; mittelhochdeutsch: behuof = 1. *Nutzen, Gewerbe, Geschäft; Zweck,* 2. *beheben* = erhalten, *nötig sein.*

zieht wieder eine Furche und legt hier hinein die Samen ebenfalls zu 2 bis 3 in einer Entfernung von 10 Zentimetern. In dieser Reihe werden die ersten Semen aber 10 Zentimeter vom schmalen Beetrand entfernt gelegt. In der dritten Reihe, die man dann anlegt, müssen die Samen wieder wie in der ersten Reihe liegen, ebenso in der fünften, siebenten und neunten, während in der vierten, sechsten, achten und zehnten Reihe die Samen wie in der zweiten Reihe liegen. Nach beendeter Aussaat zieht man mit der Harke die Furchen wieder zu und überbraust das ganze Beet, damit sich die Erde um die Samen legt. Man könnte auch statt Furchen zu ziehen, an der Schnur in je 10 Zentimeter Entfernung kleine Löcher machen, in diese die Samen werfen und sie dann mit Erde füllen. Da man aber die Löcher, die nur sehr flach sein dürfen, nicht gut ganz gleichmäßig tief machen kann und die Erde dabei stets an den Wandungen und namentlich unten festgedrückt wird, wodurch sie den jungen Würzelchen bei der Keimung der Samen mehr Wiederstand entgegensetzt, so ist die Aussaat in Furchen, die nicht zeitraubender ist, vorzuziehen.

Wenn die Samen gekeimt sind, zieht man überall dort, wo an einer Stelle mehrere Pflänzchen erschienen sind, so viele aus, daß nur eins, uns zwar das kräftigste stehen bleibt. Die ausgezogenen Pflänzchen verwendet man zur Ausfüllung von Lücken, wo keine Samen gekeimt haben. Im ersten Jahre beschränkt sich die ganze Arbeit darauf, das Beet frei von Unkraut zu halten und den Boden zwischen den Reihen mit einer schmalen Hacke drei= bis viermal flach zu lockern, damit sich die Pflänzchen kräftig entwickeln. Ein Begießen der Beete ist nur bei anhaltender Trockenheit nötig. Im Herbst ziehen die Pflanzen ein, d.h. die Blätter sterben ab, die Wurzeln aber bleiben in der Erde am Leben. Da die Pflanzen bei uns in Deutschland überall, auch im Gebirge, vollständig winterhart sind, so bleiben die Beete bis zum Frühjahre unbedeckt und unberührt liegen. Zeigen sich dann im Frühjahre die ersten jungen Blättchen, so werden die Beete locker gehackt. Die weitere Pflege besteht nur noch darin, daß man die Beete von Unkraut frei hält und den Boden einige Male im Laufe des Sommers behackt.

Um gleich im ersten Jahre eine Ernte zu haben, welche als Futter verwertbar ist, kann man auch im Frühjahre Schwarzwurzelpflanzen, welche ja als Wurzelgemüse überall leicht erhältlich sind, auf umgegrabene und glatt geharkte Beete pflanzen. Die Pflanzung erfolgt ebenfalls nach der Schnur in Reihen von je 10 Zentimeter Abstand und in gegenseitiger Entfernung von je 10 Zentimeter so, daß die erste Pflanze der 1., 3., 5., 7. und 9. Reihe 5 Zentimeter, die erste Pflanze der 2., 4., 6., 8. und 10. Reihe 10 Zentimeter vom schmalen Beetrand entfernt ist. Beim Pflanzen werden die Wurzeln möglichst senkrecht so tief in die Erde gebracht, daß nur die oberste Spitze eben aus der Erde hervorsteht. Nach dem Pflanzen wird jede einzelne Pflanze gut gegossen, damit sich die Erde dicht um die Wurzel legt. Die weitere Pflege ist dann dieselbe wie die der Sämlingspflanzen im zweiten Jahre.

Bei der oben angegebenen Pflanzweite stehen auf einem Quadratmeter hundert Pflanzen, welche 10 Kilogramm Blätter liefern, die zur Ernährung von 400 Raupen genügen.

Die Blätter werden regelmäßig des Abends geschnitten und erst am nächsten Tage verfüttert. Dies geschieht deshalb, weil sie während der Nacht im Zuchtraume die Temperatur desselben annehmen müssen, weil die Raupen leicht krank werden, wenn das Futter kälter ist als der Zuchtraum. Tritt Regenwetter ein, so deckt man über so viele Pflanzen, wie man zum Füttern braucht, leichte, mit geöltem Papier bespannte Rahmen, damit die Blätter dieser Pflanzen trocken bleiben, denn nasse Blätter führen stets zu schweren Erkrankungen der Raupen. Man schneidet die Blätter 6 bis 7 Zentimeter über dem Boden ab, damit die Herzblätter noch möglichst unversehrt bleiben, Man kann entweder die Blätter der einen Seite der Pflanze mit einem Male abschneiden, so daß die Hälfte der Blätter stehen bleibt, was die Pflanze weniger schwächt, oder auch gleich sämtliche ausgewachsenen Blätter einer Pflanze mit einem Male, so daß nur die Herzblätter stehen bleiben. Die abgeschnittenen Blätter werden gleich auf ein Stück Zeug, nicht auf die Erde gelegt, damit sie nicht schmutzig werden. Hat man die nötige Menge Blätter abgeschnitten, so bringt man sie in die Wohnung, wo sie sofort mit einem reinen leinenen Lappen einzeln, Blatt für Blatt, auf beiden Seiten vorsichtig abgewischt werden. Es darf durchaus keine Erde, kein Staub, aber auch kein Wasser auf denselben sitzen bleiben. Sind alle Blätter gesäubert, so schlägt man sie lose in ein großes leinenes Tuch ein und bringt das Bündel in den Zuchtraum, wo man es bis zum nächsten Morgen liegen läßt. Ist die Witterung im Freien kühl und naß, so mache man mehrere kleine Bündel, damit dieselben während der

Nacht besser durchwärmen, Dir für je 1000 Raupen für jeden Tag nötige Futtermenge ergibt sich aus der Tabelle auf Seite 23. Man hüte sich, den Raupen zu viel Futter mit einem Male zu geben. Man würde nur unnötig viel Abfall haben und das Futter würde schließlich beschmutzt und verderben. Man hat nur dafür Sorge zu tragen, daß die Raupen nicht etwa Mangel an Futter haben.

Es kommt manchmal vor, daß die ganz jungen Raupen nicht gleich das Futter annehmen wollen. In diesem Falle genügt es, daß man die Blätter einmal der Länge nach durchreißt. An den Wundstellen beginnen die Räupchen dann sofort zu fressen.

Der Zuchtraum und seine Einrichtung.

Zur Aufzucht der Seidenraupen eignet sich jeder Raum, welcher auf einer gleichmäßigen Temperatur von 18 bis 20° R.[1] gehalten werden kann. Zu einer guten und gleichmäßigen Ausbildung der Raupen ist eine gleichmäßig warme und trockene Luft in erster Linie nötig. Wenn man diese Bedingung nicht erfüllen kann, sollte man lieber von der Zucht der Seidenraupen Abstand nehmen, denn man würde nur Mißerfolge zu verzeichnen haben.

Wenn nun die Luft auch warm und trocken sein soll, so muß sie doch andererseits auch möglichst frisch sein. Dumpfe, stickige Luft ist also zu vermeiden.

Im Hochsommer wird man nur selten in die Lage kommen, heizen zu müssen; wenn man aber mehrere Zuchten hintereinander groß ziehen will, dann ist eine Heizung des Zuchtraumes nicht zu umgehen. Bei größeren Zuchtanlagen ist ein Dauerbrandofen, den man regulieren kann, am empfehlenswertesten. Dadurch, daß man lange Zeit hintereinander eine gleichmäßig warme Luft in dem Zuchtraum herstellen kann, hat man es in der Hand, vom Frühjahr bis in den Spätherbst ununterbrochen Raupen zu züchten, denn die Schwarzwurzel liefert in dieser ganzen Zeit das nötige Futter. Dieser Vorteil wiegt die Heizungskosten reichlich auf.

Will man im Großen arbeiten, so richtet man am besten ein größeres Gebäude, eine Scheune oder dergl. zum Zuchtraume ein und versieht dasselbe mit den nötigen Heizungsvorrichtungen. Im Kleinen, also zunächst zu Versuchen, dann zum Zwecke der Hausindustrie, eignet sich jeder heizbare Raum zur Zucht. Je wärmer derselbe an sich ist, desto weniger braucht man natürlich für die Heizung auszugeben. Außer Stuben und Kammern sind vor allem Bodenräume in Betracht zu ziehen, namentlich dann, wenn man sich auf die Zucht während der wärmeren Monate beschränkt, in denen nur ein gelegentliches Heizen an kalten Regentagen nötig ist.

Fig. 1 Verschiedene Gestelle.

In dem Zuchtraume bringt man nun an den Wänden ringsum Lattengestelle an, in der Weise, daß dieselben etwa einen Meter breit sind. An der Wand wie einen Meter davon entfernt errichtet man in Abständen von etwa anderthalb Metern Latten vom Fußboden bis zur Decke von 2 Zentimeter Dicke und 6 Zentimeter Breite. Zunächst 80 Zentimeter über dem Boden, dann je 60 Zentimeter übereinander verbindet man sowohl die hinteren Latten für sich als auch die vorderen Latten für sich durch eben solche wagerechte Latten. Dann werden je zwei gegenüberstehende Latten, eine hintere und eine vordere, durch einige Querlatten mit einander verbunden, wodurch das ganze Gestell den nötigen Halt erlangt. Ueber die wagerechten Längslatten spannt man nun in Abständen von je 5 zu 5 Zentimetern Bindfaden oder dünnen Draht. Statt dessen kann man auch das heutzutage so billige Maschinen=Drahtgeflecht mit etwa 6 Zentimeter weiten Maschen verwenden, das man auf die wagerechten Latten aufnagelt. Auf diese Weise erhält man eine Anzahl 60 Zentimeter übereinander liegender Etagen. Auf diese Etagen wird festes ungeglättetes Packpapier ausgebreitet, welches den Raupen als Futterplatz dient. Die einzelnen Bogen nehme man nicht zu groß, damit sie sich bequem hantieren lassen. Um bequem zu den oberen Etagen gelangen zu können, muß in dem Zuchtraum noch ein

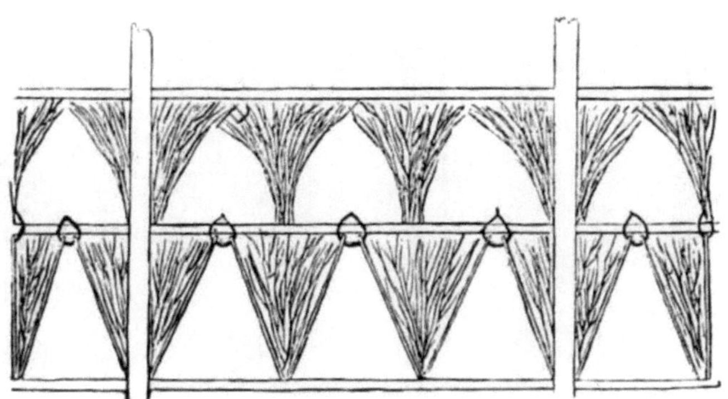

Fig. 2 Gestell mit Raufen[4] und Reisig.

Leitertritt vorhanden sein.

Ist der Raum groß genug, so bringt man auch noch in der Mitte ein oder mehrere solcher Gestelle an, so daß Gänge von etwa einem Meter Breite bleiben.

Wenn die Raupen sich verpuppen wollen, muß man ihnen Strauchwerk geben, in welchem sie sich in ihre Kokons einspinnen. Am besten eignet sich hierzu Birkenreisig, wie man es zu Birkenbesen verwendet, jedoch ist auch anderes Material, wie Stroh von Weizen, Roggen, Hafer, ferner Ginster und Heidekraut verwendbar. Bedingung ist nur, daß es ganz trocken ist. Damit das Strauchwerk den nötigen Halt hat, schiebt man Rahmen aus Latten zwischen je zwei Etagen in folgender Weise ein. Von 63 Zentimeter breiten und einen Meter langen Rahmen, welche mit einigen Längsleisten oder mit weitem Drahtgeflecht versehen sind, schiebt man zunächst einen an einer senkrechten Leiste so ein, daß er unten an die Liste anstößt. Dann wird er an der nächsten Etage 25 Zentimeter von der senkrechten Leiste entfernt sein. Ein zweiter Rahmen wird nun so eingeschoben, daß er oben mit dem ersten zusammenstößt. Hier bindet man ihn mit diesem und der Querleiste zusammen. Unten wird er genau 50 Zentimeter vom ersten Rahmen entfernt sein. Der dritte Rahmen stößt nun unten mit dem zweiten zusammen, ist von der oberen Verbindungsstelle des ersten und zweiten aber wieder um 50 Zentimeter entfernt.

Hier wird er mit einem vierten Rahmen, der wie der zweite gestellt ist, ganz in derselben Weise, wie der erste mit dem zweiten verbunden. Der fünfte Rahmen steht wieder wie der erste und dritte und wird mit dem sechsten Rahmen oben verbunden. In derselben Weise stellt man die übrigen Rahmen auf. Man erhält so eine Anzahl von Raufen[4], in welche man das Birkenreisig usw. einschiebt (Fig. 2 und 3)

Fig. 3. Einfaches Gestell mit Birkenreisig, in dem sich die Raupen verpuppt haben.

Soll der Raum nur vorübergehend zur Zucht verwendet werden, so kann man sich auch leichte Gestelle aus Holzleisten anfertigen, in welche man mit Bindfaden, Draht oder Drahtgeflecht bespannte Rahmen eingeschoben werden. Die vorstehenden Abbildungen (Fig. 1) lassen die Einrichtung solcher Gestelle und Rahmen leicht erkennen. Solche Rahmen haben den Vorzug, daß man sie leicht einzeln entfernen, z. B. an einen besonderen Arbeitstisch bringen kann, wo man die Fütterung, Reinigung, Auswechselung der Unterlagen, Verteilung der Raupen auf einen größeren Raum usw. bequem vornehmen kann. Sind, was sehr zu empfehlen ist, alle Rahmen genau gleich groß, und hat man eine Anzahl zur Reserve, so trägt dies zur Erleichterung der Arbeit sehr wesentlich bei.

Zur weiteren Einrichtung des Zuchtraumes gehören noch einige Pinsel oder Gänsefedern, um nötigenfalls Raupen von einem Platz

---

[4] Das Raufen ist ein Prozessschritt bei der Herstellung von Fasern aus Lein (auch Flachs genannt).

zum anderen zu bringen, weil ein Anfassen der Raupen mit den Fingern durchaus vermieden werden muß.

Aus diesem Grunde muß man auch eine Anzahl Netze von

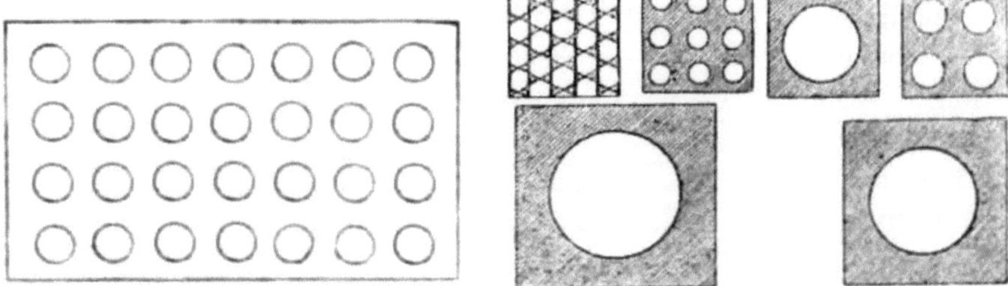

Fig. 4 Durchlöchertes Papier zum Wechseln der Raupen

Fig. 5. Lochweite für die verschiedenen Altersstufen der Raupen.

verschiedener Maschenweite haben, welche zur Auswechselung der Unterlagen, sowie für die Verteilung der Raupen auf einen größeren Raum nötig sind. Statt der Netze, welche zur bequemeren Handhabung an zwei Seiten mit Stäben versehen sind, kann man ein durchlöchertes Papier nehmen. Die Größe der Löcher resp. die Weite der Maschen richtet sich nach der Größe der Raupen. Die beistehenden Figuren geben die Größe der Löcher für die verschiedenen Entwicklungsstadien an. Die Durchlochung des Papiers geschieht am einfachsten mit einem Locheisen, welche man in Eisenhandlungen in den verschiedenen Größen erhält. Mit diesen Locheisen kann man gleich eine Anzahl übereinanderliegender Papierbogen durchlochen.

Ferner ist ein Thermometer zur Feststellung der Temperatur im Zuchtraume unerläßlich.

Im Zuchtraume muß stets die größte Sauberkeit herrschen. Deshalb sind alle Blattabfälle, das schmutzig gewordene, zur Unterlage dienende Papier, alle toten Raupen usw. stets sofort aus dem Zuchtraume zu entfernen und am besten zu verbrennen. Letzteres gilt besonders für tote Raupen.

Zum Ausbrüten der Eier ist ein besonderer Brütkasten, dessen einfache Einrichtung die beistehenden Abbildungen (Fig. 6) besser als eine lange Beschreibung veranschaulichen, sehr bequem, wenn auch nicht unbedingt erforderlich. Kleine mit Tüll oder Gaze überspannte Pappschachteln erfüllen in Ermangelung eines solchen Brütkastens denselben Zweck.

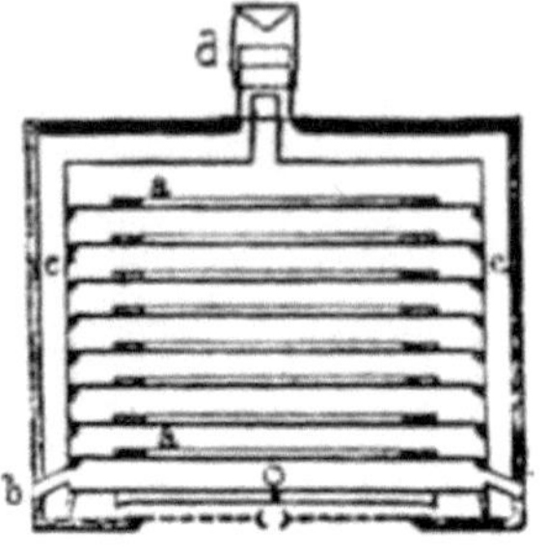
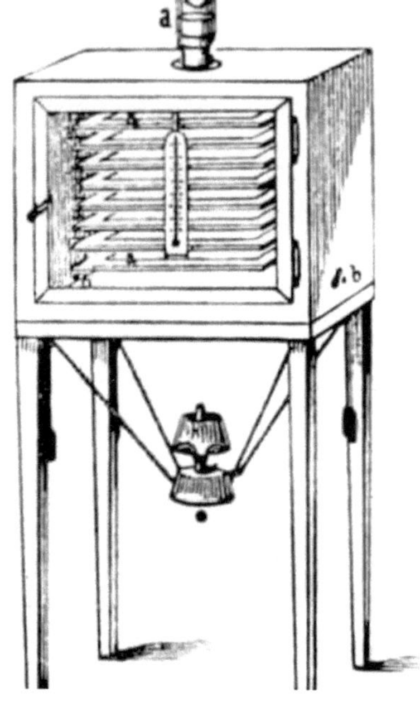

Fig. 6. Brutofen und Längsdurchschnitt durch denselben.
a. Mit Tüll bespannte Rahmen.
b. Wasserkasten. c. Luftraum.
d. Dunstklappe. e. Lampe

Für die Gewinnung der Eier sind kleine aus Gaze gefertigte, mit einer Schnurre versehene Beutel notwendig, welche durch ein zusammengerolltes Stück dünner Pappe, das man in sie steckt, weit gehalten werden.

Zum Abtöten der Puppen in den Kokons braucht man endlich noch drei größere Siebe aus Holz, welche mit Rohr=, Bast= oder Bindfadengeflecht, nicht mit Metallgeflecht, überspannt sind, und so groß sind, daß sie über einen größeren Waschkessel bequem übergestülpt werden können

Die Aufzucht der Raupen.

Die Eier des Seidenraupenspinners, auch Graines genannt, bringt man, wenn man keinen Brutkasten hat, in eine oben offene Pappschachtel, welche mit grobem Gazegewebe überspannt ist. Während der ersten 4 bis 5 Tage stellt man die Schachteln in ein sonniges kühles Zimmer, welches etwas wärmer als 12° R[1] ist. Dann wird der Raum allmählich auf 14° R und dann nach und nach jeden Tag um einen halben Grad mehr bis zu 20° R. Bequemer ist der bereits abgebildete Brutkasten, welchen man durch langsames Heben der Lampe ganz allmählich erwärmen kann und der eine sehr gleichmäßige Temperatur hat. Wenn die Eier beginnen sich lichtgrau zu verfärben, naht der Zeitpunkt, an welchem die jungen Raupen, und zwar in den Morgenstunden, ausschlüpfen. Die Schachtel muß man dann beständig im Auge behalten und etwa jede Stunde einmal nachsehen, ob die Räupchen auszukriechen beginnen. Sowie dies der Fall ist, legt man auf das Gazegewebe ein der Länge nach zerrissenes, junges Schwarzwurzelblatt, welches aber die Temperatur des Zuchtraumes haben muß. Sowie sich eine Anzahl Räupchen auf dem Blatte eingefunden haben, an dem sie meist ohne weiteres zu fressen beginnen, nimmt man das Blatt fort und legt an seine Stelle sofort ein anderes. Das mit Räupchen besetzte Blatt legt man auf einen Bogen grauen Packpapiers, der etwa 50 Zentimeter lang und ebenso breit ist. Dieser Bogen wird dann sofort auf das Gestell oder auf einen Rahmen gelegt. Wenn das zweite Blatt mit Räupchen besetzt ist, wird es durch ein drittes Blatt ersetzt und zu dem ersten Blatt gebracht. Da je 100 ausgewachsene Raupen etwa ein Fünftel Quadratmeter Raum brauchen, so kann man gleich von vornherein bei der Verteilung der Raupen auf die Papierbogen hierauf Rücksicht nehmen. Unbedingt notwendig ist das aber nicht. Man kann die Raupen vielmehr auch, da sie in ihrer Jugend sehr viel weniger Platz beanspruchen, erst in dem Maße, wie sie heranwachsen, auf immer größere Flächen verteilen. Bis zur ersten Häutung brauchen 100 Raupen 29 Quadratzentimeter, bis zur dritten Häutung 243 Quadratzentimeter, bis zur vierten Häutung 708 Quadratzentimeter, bis zur Verpuppung 1922 Quadratzentimeter.

Sind alle Raupen aus den Eiern ausgeschlüpft und auf dem Papierbogen untergebracht, so besteht die Pflege nur darin, daß man ihnen in bestimmten Zwischenräumen immer frisches Futter gibt, die Papierbogen, auf denen sie fressen, von Zeit zu Zeit erneuert und, falls man ihnen nicht gleich von Anfang an den nötigen Platz angewiesen hat, sie in bestimmten Zwischenräumen auf immer größere Flächen verteilt. Je ungestörter sich die Raupen dem Fraße hingeben können, desto besser werden sie sich entwickeln, und aus diesem Grunde ist es am empfehlenswertesten, wenn man sie gleich von Anfang an so weitläufig verteilt, daß man sie nicht weiter verteilen braucht. Allerdings hat diese Methode den Nachteil, daß man etwas mehr

Papier für Unterlagen braucht und daß die Fütterung etwas mehr Zeit beansprucht.

Wie schon oben (S.10[5]) betont wurde, ist es zu einem guten Gedeihen der Raupen unbedingt nötig, daß das Futter die Temperatur des Zuchtraumes hat. Deshalb darf es nicht direkt vom Beete weg verfüttert werden, sondern muß erst längere Zeit im Zuchtraume liegen, bis es die Temperatur des Zuchtraumes angenommen hat. Man muß ferner darauf achten, daß die Raupen stets Futter haben, doch auch darauf, daß niemals zu viel Futter vorhanden ist. In der warmen Luft des Zuchtraumes wird das Laub, wenn es flach ausgebreitet liegt, in einigen Stunden welk. Man darf also jedesmal nur soviel Futter geben, wie sich frisch hält, bis es von den Raupen gefressen ist, um möglichst wenig Abfall zu haben. Bei richtiger Fütterung darf man nicht mehr als ein Zehntel des Futters Abfall haben.

Sind die Raupen etwa um 10 Uhr vormittags ausgekrochen, so erhalten sie am ersten Tage um 1, um 4, um 7 und um 11 Uhr wieder Futter, und zwar im ganzen an diesem Tage je tausend Raupen 12 Gramm ohne Abfall. Hat man die Raupen nicht gleich von Anfang auf den endgültigen Raum verteilt, so muß man sie bereits um 4 Uhr auf eine etwas größere Fläche verteilen.

Das frische Futter gibt man in der Weise, daß man über den Rest jedes alten Blattes ein frisches kreuzweise legt. Die Räupchen kriechen dann sehr bald auf das frische Blatt, und das alte Blatt kann leicht entfernt werden. Es darf nicht liegen bleiben. Am ersten Tage gibt man noch der Länge nach durchrissene Blätter, später ist das nicht mehr nötig.

Am zweiten Tage beginnt die Fütterung morgens um 6 Uhr. Dabei werden die Raupen nötigenfalls wieder auf einen etwas größeren Raum verteilt. Die zweite Fütterung erfolgt um 10, die dritte um 1 Uhr. Bei der vierten Fütterung um 4 Uhr findet eventuell wieder eine Verteilung auf eine größere Fläche statt. Um 7 Uhr wird zum fünften, um 11 Uhr zum letzten Male gefüttert. Im ganzen erhalten je tausend Raupen an diesem Tage 20 Gramm Futter ohne Abfalle.

Am dritten und vierten Tage findet die Fütterung zu genau denselben Stunden wie am zweiten Tage statt, ebenso die etwa nötige

---

[5] Im Originaltext Verweis auf S. 12.

Verteilung auf einen größeren Raum. Am dritten Tage erhalten je tausend Raupen bereits 40 Gramm Futter ohne Abfall, am vierten Tage jedoch nur 22 Gramm ohne Abfall.

Während die Raupen in den ersten drei Tagen, vorausgesetzt, daß der Zuchtraum gleichmäßig auf 20° R erwärmt war, fleißig fraßen und dementsprechend an Größe zunahmen, macht sich bei ihnen am vierten Tage bereits die nahende Häutung bemerkbar: Sie werden träger, fressen weniger und man merkt ihnen an, daß sie sich nicht ganz wohl fühlen. Deshalb erhalten sie an diesem Tage auch weniger Futter. Man darf sich durch dieses Nachlassen der Freßlust nicht einschüchtern lassen. Es ist ein natürlicher Zustand. Man sorge nur dafür, daß gerade an diesem und dem folgenden Tage der Zuchtraum recht gleichmäßig warm (20° R) ist.

Am fünften Tage läßt die Freßlust immer mehr nach. Man füttert nur noch um 6 und 10 Uhr vormittags, im ganzen etwas über 5 Gramm für je tausend Raupen. Gegen Mittag hören dann die Raupen ganz auf zu fressen: sie schlafen den ganzen Tag bis zum nächsten Vormittag, an welchem sie ihre bisherige Haut abstreifen. Nach kurzer Zeit regt sich bei ihnen wieder die Freßlust. Da mittlerweile das Papier, auf dem sie bisher waren, unsauber geworden ist, gibt man ihnen nun einen neuen Bogen Papier. Die Ueberführung auf denselben geschieht in der Weise, daß man ein Netz oder durchlöchertes Papier (s. S. 13[6]) über den mit Raupen besetzten Bogen legt und oben auf das Netzwerk oder das durchlöcherte Papier das Futter ausstreut. Die Raupen kriechen durch die Löcher auf die Blätter und können mit diesen nach etwa einer halben Stunde leicht auf frische Bogen gelegt werden. Der alte Bogen mit allem Unrat wird am besten sofort verbrannt. Bei der Ueberführung werden die Raupen nötigenfalls auf einen größeren Raum verteilt. Die Fütterung an diesem sechsten Tage erfolgt um 11, 3, 7 und 11 Uhr. Im ganzen erhalten je tausend Raupen an diesem Tage 60 Gramm Futter ohne Abfall.

Die Temperatur des Zuchtraumes läßt man nach der Häutung um einen Grad sinken, so daß er jetzt und während der folgenden Tage nur 19° R warm ist.

---

[6] Im Originaltext Verweis auf Seite 14.

Am siebenten und achten Tage füttert man wieder wie am zweiten und dritten Tage um 6, 10, 1, 4, 7 und 11 Uhr. Nötigenfalls werden die Raupen dabei bei der Sechsuhrfütterung wesentlich mehr fressen, am siebenten Tage je tausend Raupen 100 Gramm, am achten Tage je tausend Raupen 110 Gramm ohne Abfall, so erneuert man das Papier, auf welchem sie fressen am achten Tage um 1 Uhr.

Am neunten Tage findet nur noch um 6 und 10 Uhr eine Fütterung mit 30 Gramm Blättern für je tausend Raupen statt, weil die Raupen an diesem Tage sich zur zweiten Häutung vorbereiten. Von Mittag an schlafen sie.

Am zehnten Tage häuten sie sich des Vormittags. Sie erhalten dann, wie am sechsten Tage, um 10, 3, 7, und 11 Uhr Futter, und zwar je tausend Raupen 100 Gramm Blätter ohne Abfall. Bei der ersten Fütterung werden sie ebenfalls, wie am sechsten Tage, auf einen neuen Bogen Papier gebracht und nötigenfalls auf einen größeren Raum verteilt.

Die Temperatur des Zuchtraumes läßt man nach der Häutung nochmals um einen Grad sinken, so daß der Zuchtraum jetzt 18° R hat. Auf dieser Temperatur hält man ihn nun bis zum Schluß des dreißigsten Tages. Am 11., 12., und 13. Tage füttert man nun wie am 2., 3., 7. Und 8. Tage um 6, 10, 1, 4, 7, und 11 Uhr. Bei jeder ersten Fütterung um 6 Uhr morgens verteilt man dabei die Raupen nötigenfalls auf einen größeren Raum und erneuert am 12. Tage dabei die Unterlage. Die Futtermenge für je tausend Raupen beträgt am 11. Tage 300 Gramm, am 12. Tage 325 Gramm, am 13. Tage 175 Gramm. Am 13. Tage wird die Unterlage bei der Vieruhrfütterung erneuert. Die Raupen fressen an diesem Tage wieder wesentlich weniger. Die nahende Häutung greift sie diesmal mehr an.

Am 14. Tage fressen sie noch bis zum Abend, aber nur noch sehr träge, im ganzen nur 100 Gramm Blätter, die man ihnen um 6, 10, 1, 4 und 7 Uhr gibt.

Der 15. Tag ist ein Ruhetag. Die Raupen schlafen ununterbrochen vom Morgen bis zum Abend und auch noch die Nacht hindurch bis zum 16. Tage um 3 Uhr früh. Dann häuten sie sich und um 4 Uhr früh beginnen sie zu fressen. Sie sind nun schon so groß, daß man ihnen nicht mehr so häufig Futter geben braucht. Sie erhalten dasselbe deshalb nur noch um 4 und 10 Uhr vormittags und um 4 und

10 Uhr nachmittags. Bei der ersten Fütterung gibt man ihnen an diesem Tage wieder eine neue Unterlage und verteilt sie nötigenfalls auf einen größeren Raum. Die Futtermenge an diesem Tage für je tausend Raupen beträgt 325 Gramm.

Am 17. Tage findet die Fütterung wieder um 4 und 10 Uhr vor= und nachmittags statt. Bei der zweiten Fütterung um 10 Uhr vormittags werden sie nötigenfalls wieder auf einen größeren Raum verteilt. Die Futtermenge für tausend Raupen beträgt an diesem Tage 500 Gramm ohne Abfall.

Am 18. Tage ist der Verlauf der Fütterung und eventuell nötigen Verteilung auf einen größeren Raum genau derselbe, wie am 17. Tage, nur daß um 10 Uhr vormittags auch noch die Unterlage erneuert wird. Die Futtermenge an diesem Tage beträgt ohne Abfall 750 Gramm.

Am 19. Tage wird wie an den vorhergehenden Tagen um 4 und 10 Uhr vor= und nachmittags gefüttert, um 10 Uhr vormittags nötigenfalls auf einen größeren Raum verteilt. Die Raupen fressen 850 Gramm Blätter.

Am 20. Tage werden die Raupen wieder träge. Sie erhalten zwar wie in den letzten Tagen ihr Futter, aber nur noch 425 Gramm ohne Abfall. Die Erneuerung der Unterlage erfolgt diesmal um 4 Uhr nachmittags, dabei findet nötigenfalls auch eine Verteilung auf einen größeren Raum statt.

Am 21. Tage füttert man nur noch um 4 und 10 Uhr vormittags, und zwar im ganzen 100 Gramm. Bald nach der zweiten Fütterung schlafen die Raupen bereits ein. Die Ruhe dauert diesmal lange.

Am 22. Tage ist Ruhetag, die Raupen schlafen.

Am 23. Tage erwachen die Raupen gegen Morgen. Um 4 Uhr erhalten sie Futter, dabei eine neue Unterlage und werden nötigenfalls auf einen größeren Raum verteilt. Die zweite Fütterung erfolgt um 10 Uhr vormittags, die dritte und vierte Fütterung um 4 und 10 Uhr nachmittags. Im ganzen erhalten die Raupen an diesem Tage ohne Abfall 600 Gramm Blätter.

An den folgenden Tagen wird nun bis zum 31. Tage regelmäßig um 4 und 10 Uhr vormittags und 4 und 10 Uhr nachmittags gefüttert. Die Verteilung auf einen größeren Raum findet am 24., 26., und 28.

Tage um 4 Uhr vormittags, am 25. Und 27. Tage um 10 Uhr vormittags statt.

Die Unterlage wird am 25., 27., 29., und 31. Tage um 10 vormittags erneuert.

Die Futtermenge ohne Abfall beträgt für je 1000 Raupen

am 24. Tage 1000 Gramm ;

am 25. Tage 1400 Gramm ;

am 26. Tage 1800 Gramm ;

am 27. Tage 2700 Gramm ;

am 28. Tage 3250 Gramm ;

am 29. Tage 3000 Gramm ;

am 30. Tage 2200 Gramm ;

am 31. Tage 1650 Gramm ;

am 32. Tage 800 Gramm.

Bis zum 28. Tage steigert sich die Freßlust, dann nimmt sie nach und nach ab. Das ist das Zeichen dafür, daß die Raupen sich zum Verpuppen vorbereiten. Deshalb bringt man am 29. Oder 30. Tage die auf Seite 14 beschriebene Raufen an und füllt diese locker mit Reisig.

Auf der folgenden Tabelle (s. S. 24), welche die vorherstehenden Zahlen noch einmal übersichtlich zusammengestellt bringt, bedeutet F die Fütterung, V die etwa nötige Verteilung der Raupen auf einen größeren Raum, E die Erneuerung der Unterlagen, R die Ruhezeit der Raupen vor, während und nach der Häutung. Außerdem ist auf der Tabelle angegeben die Fläche, welche die Raupen am Schluß er einzelnen Entwicklungsstadien brauchen, die Futtermenge, welche 1000 Raupen täglich brauchen, die während der einzelnen Entwicklungsstadien nötige Futterabfall, die Temperatur des Zuchtraumes.

Futtertafel für eintausend Raupen des Seidenspinners bei Schwarzwurzelfütterung.

Gene-ration	Tag	Vormittag												Nachmittag												Raum	Futter gr	Abfall gr	Tempe-ratur
		1	2	3	4	5	6	7	8	9	10	11	12	1	2	3	4	5	6	7	8	9	10	11	12				
I	1										F			F			VF			F				F		289 □cm	12	26	20° R
	2						VF				F			F			VF			F				F			20		
	3						VF				F			F			VF			F				F			40		
	4						VF				F			F			VF			F				F			22		
	5						F							R	R	R	R	R	R	R	R	R	R	R	R		5		
II	6	R	R	R	R	R	R	R	R	R	R	EVF				F				F				F		830 □cm	60	50	19° R
	7						VF				F			F			F			F				F			100		
	8						VF				F			EF			F			F				F			110		
	9						F				F			R	R	R	R	R	R	R	R	R	R	R	R		30		
III	10	R	R	R	R	R	R	R	R	R	R	EVF				F				F				F		2428 □cm	100	150	18° R
	11						VF							F			F			F				F			300		
	12						EVF							F			EF			F				F			325		
	13						VF							F			F			F				F			175		
	14						F													F							100		
	15	R	R	R	R	R	R	R	R	R	R	R	R	R	R	R	R	R	R	R	R	R	R	R	R				
IV	16	R	R	R	EVF												F			F				F		7081 □cm	325	450	18° R
	17				F												F			F				F			500		
	18				F												F			F				F			750		
	19				F												F			F				F			850		
	20				F												EVF			F				F			425		
	21				F															F				F			100		
	22	R	R	R	R	R	R	R	R	R	R	R	R	R	R	R	R	R	R	R	R	R	R	R	R				
V	23	R	R	R	EVF						F						F							F		1,922 □m	600	1700	18° R
	24				VF						EVF						F							F			1000		
	25				F						F						F							F			1400		
	26				VF						EVF						F							F			1800		
	27				F						F						F							F			2700		
	28				VF						EF						F							F			3250		
	29				F						F						F							F			3000		
	30				F						EF						F							F			2200		
	31				F												F										1650		20° R
	32				F												F										800		

Summa 22 749 | 2 376 gr

Summa Summarum 45 125 gr

Die Gewinnung der Eier für die Nachzucht

Da die Seidenraupen einer Anzahl durch Bakterien verursachten Krankheiten unterworfen sind, welche sich von Generation zu Generation vererben, so darf man nur ganz gesunde Raupen zur Weiterzucht benutzen.

Das sicherste Verfahren, welches von dem französischen Forscher Pasteur vorgeschlagen worden ist, besteht darin, daß man die Eier von je einem Schmetterlinge besonders sammelt und die elterlichen Schmetterlinge nach ihrem Tode mikroskopisch untersucht, ob sie Bakterien enthielten. Wenn keine Bakterien vorhanden sind, so sind auch die Eier frei von denselben. Braucht man nur wenig Eier, so tut man immer am besten, wenn man sich diese aus einer zuverlässigen Bezugsquelle besorgt, wo man sicher ist, daß die Eier auf diese Weise gewonnen werden.

Will man aber die Eier selbst gewinnen, so verfährt man folgendermaßen:

Neun bis zehn Tage, nachdem sich die Raupen eingesponnen haben, nimmt man die Kokons von dem Reisig ab, entfernt die äußere lockere Schicht und breitet sie flach auf Hürden aus, so daß die einzelnen Kokons nicht übereinander liegen. 15 bis 16 Tage nach der Verpuppung kriechen die Schmetterlinge aus, und zwar in den Morgenstunden. Kurze Zeit nach dem Auskriechen begatten sie sich. Um annähernd eine gleiche Anzahl Männchen und Weibchen zu erhalten, wählt man zur Hälfte Kokons, welche eine flache Einschnürung in der Mitte haben, und zur Hälfte in der Mitte bauchige Kokons aus. Erstere liefern meist männliche, letztere meist weibliche Schmetterlinge. Die einzelnen in der Begattung befindlichen Paare bringt man vorsichtig, ohne sie zu trennen, in kleine Säckchen aus Gaze, welche durch einen pappenen Zylinder erweitert und mit einer Schnurre versehen sind. Nachdem das Pärchen in den Beutel gebracht ist, wird derselbe zugeschnürt. Die Säckchen werden paarweise zusammengebunden und im Zuchtraume, der auf 18° R gehalten wird, auf Stangen aufgehängt.

Es braucht kaum erwähnt zu werden, daß nur ganz vollkommene Schmetterlinge in richtigen Paaren in die Säckchen gebracht werden dürfen. Man erkennt die Männchen an dem kleineren und schlankeren

Leib und an den stärker gebarteten Fühlern, sowie daran, daß sie beständig flattern, während die Weibchen in ihren Bewegungen schwerfälliger sind, einen dickeren Leib und nur schwach beharte Fühler besitzen.

Jedes Weibchen legt, nachdem es sich am Tage nach dem Ausschlüpfen wieder von dem Männchen getrennt hat, in einigen Tagen 400 bis 500 Eier und stirbt nach 10 bis 15 Tagen. Die befruchteten Eier sehen anfangs gelblich aus, werden aber nach und nach bleigrau oder bläulichgrau; die unbefruchteten Eier dagegen bleiben gelb und trocknen später zusammen.

Etwa zwei Wochen, nachdem die Schmetterlinge gestorben sind, werden sie einzeln mit dem Mikroskop untersucht, ob sie Bakterien enthalten. Zur Weiterzucht verwendet man nur diejenigen Eier, welche von bakterienfreien Schmetterlingen stammen.

Bis Ende November werden die Eier in den Beuteln in einem trockenen, kühlen, gut gelüfteten Raume aufbewahrt. Dann wäscht man die Eier, indem man die Beutel einige Minuten in ein Gefäß mit Wasser legt, dann sie umkehrt und die Eier mit den Fingern vorsichtig von der Gaze abreibt. Nachdem die Eier auf den Boden des Gefäßes gefallen sind, gießt man das Wasser vorsichtig ab, gießt noch einmal reines Wasser über die Eier, rührt leicht, ohne die Eier zu verletzen, um, gießt dann wieder das Wasser ab und breitet darauf die Eier auf Löschpapier ganz flach aus. Nachdem sie ganz trocken geworden sind, werden sie in flachen Pappschachteln in einem ungeheizten Zimmer bis zum Gebrauche ganz trocken aufbewahrt.

Je gleichmäßiger kühl die Temperatur des Aufbewahrungsraumes ist, desto besser halten sich die Eier. Bei größerer Wärme entwickeln sich die Räupchen in den Eiern. Schwankt die Temperatur des Aufbewahrungsraumes sehr, so kommt es leicht vor, dass die sich entwickelnden Räupchen absterben. Die Eier sind dann natürlich wertlos.

Im Frühjahre, wenn die Temperatur steigt, muß man diejenigen Eier, welche man erst zu späteren Bruten verwenden will, so kühl wie nur irgend möglich aufbewahren, damit die Entwicklung der jungen Raupen in den Eiern nicht beginnt.

Das Abtöten der Puppen.

Da 15 bis 16 Tage nach dem Einspinnen die Schmetterlinge aus den Raupen auskriechen und den Kokon durchbohren, wodurch derselbe für die Seidengewinnung wertlos wird, muß man die Puppen noch vor dieser Zeit abtöten. Zu dem Zweck löst man die Kokons acht Tage, nachdem sich die letzten Raupen eingesponnen haben, von dem Reisig oder Stroh ab, läßt aber die an ihnen außen haftenden lockeren Fäden, die Flockseide, daran, Bei dieser Gelegenheit sortiert man die Kokons gleich in vier Gruppen, nämlich in vollständig fehlerlose harte, weiche, fleckige und Doppelkokons.[7] Dieses Sortieren ist zur Erzielung eines besseren Preises unbedingt nötig.

Die Kokons werden dann sortenweise in zwei große Siebe (s. S.16[8]) gefüllt. Ein drittes Sieb füllt man voll Hobelspäne, die beiden mit Kokons gefüllten Siebe stellt man übereinander und dann auf das mit Hobelspänen gefüllte Sieb. Alle drei werden dann über einen zur Hälfte mit Wasser gefüllten Kessel gestellt und mit einem Fasse oder Korbe überdeckt. Das Faß muß oben ein Loch haben, der Korb mit Tüchern dicht verhängt werden.

Das Wasser im Kessel wird nun zum Kochen gebracht.

Nachdem es eine Viertelstunde gekocht hat, nimmt man aus dem obersten Sieb einen Kokon und schneidet ihn mit einem scharfen Messer der Länge nach auf, so daß die Puppe herausgenommen werden kann. Wenn die beiden Enden der Puppe nach einwärts gekrümmt sind und sie von einem eigentümlich riechenden Schweiße bedeckt ist, auch beim Drücken ihres Kopfes zwischen den Fingern, beim Stechen mit einer Nadel oder bei Annäherung an das Feuer keinerlei Bewegung zeigt, so ist die Abtötung sicher. Alsdann nimmt man die Siebe vom Kessel fort und bedeckt sie mit Tüchern, damit die Kokons ganz allmählich abkühlen. Nachdem sie vollständig abgekühlt sind, breitet man sie, höchstens 10 Zentimeter hoch, auf Hürden zum Trocknen aus und rührt sie im Laufe des Tages einige Male mit den Händen um. Der Trockenraum muß luftig sein. Von der Sonne dürfen die Kokons nicht beschienen werden.

---

[7] Doppelkokons, welche größer als die gewöhnlichen sind, enthalten zwei Puppen und sind minderwertig.

[8] Im Originaltext Verweis auf Seite 17.

Die Kokons sind erst einen Monat nach dem Abtöten, und zwar in nicht zu großen luftigen Körben, zu versenden.

Einige Zahlen für den Kostenvoranschlag.

Es liegt außerhalb des Rahmens dieser Zeilen, einen genauen Kostenanschlag zu geben. Ein Teil der Kosten richtet sich nach den örtlichen Verhältnissen, wie Heizung, Pacht des Landes, Arbeitslohn. Die Einrichtung des Zuchtraumes wird je nach dem Materiale hier billiger, dort teurer sein. Diese Zahlen kann sich jeder Einzelne leicht selbst beschaffen. Dagegen dürfte es angebracht sein, einige Unterlagen für die Berechnung des zu erzielenden Bruttoertrages zu geben.

Aus einem Gramm Eier kriechen nach den Angaben von Werderewski in Petersburg 1172 bis 1406 Raupen aus. Eine Unze = 30 Gramm enthält danach 29300 bis 35150 Eier. Hiermit deckt sich die Angabe des Herrn Petrus Gunot, 2 rue des capucins, Lyon, Rhône, Lieferant für Seidenraupeneier, welche nach Pasteurscher Methode gewonnen sind, daß die Unze etwa 35000 Eier enthält, während nach Harz (s.u. S.7[9]) „25 Gramm Eier etwa 3600 bis 50000 Raupen enthalten,„. Die Unze französischer Eier, nach Pasteurschem Zellensystem gewonnen, kostet in Frankreich 8 Francs. 35 Raupen geben nach Werderewski im normalen Durchschnitt 28,66 bis 34,39, im Maximum 68,78 Kilogramm frischer Kokons. Harz gibt an, daß man aus 25 Gramm Eiern = 36000 bis 50000 Raupen 60 Kilogramm Kokons im Werte von 150 bis 220 Mark erntet. Ein Kilogramm frischer Kokons gibt etwa 100 Gramm Rohseide.

35 000 Raupen brauchen zu ihrer Ernährung 7170 Schwarzwurzelpflanzen, welche auf 71,7 Quadratmeter Beetfläche wachsen. 7200 Schwarzwurzelsamen wiegen rund 90 Gramm und kosten 70 bis 90 Pfennige.

35 000 Raupen brauchen in einem geschlossenen Raume 67,27 Quadratmeter Futterfläche.

---

[9] Im Originaltext Verweis auf Seite 7.

Schlußwort.

Die Aufzucht der Seidenraupe mit den Blättern der Schwarzwurzel ist, wie Professor Harz[10] gezeigt hat, schon vor langen Jahren versucht worden, führte aber so lange zu keinen brauchbaren Resultaten, wie man die Aufzucht in kühlen Räumen unternahm. Erst nachdem von Frau Prof. Tichomirowa in Moskau uns später von Herrn Werderewski in Petersburg durch Versuche festgestellt war, daß eine bestimmte ziemlich hohe Temperatur des Zuchtraumes nötig ist, damit die Seidenraupen dieses neue Futter willig fressen und sich gleichmäßig und schnell entwickeln, erlangte die Schwarzwurzel für die Seidenzucht hervorragende Bedeutung. Denn nun war es möglich, auch noch in solchen Klimaten Seidenbau zu treiben, in welchen der Maulbeerbaum nicht mehr oder nur noch kümmerlich gedeiht.

Indessen ist hiermit noch nicht der Abschluß der Seidenzuchtfrage, welche jetzt in ein neues Stadium getreten ist, erreicht. Die verhältnismäßig hohe Temperatur wird vorläufig noch dort, wo das Feuerungsmaterial teuer ist, ein den Seidenbau sehr erschwerendes Moment bilden. Es ist deshalb anzustreben, eine Rasse des Seidenspinners zu züchten, welche auch bei niedrigerer Temperatur in normaler Zeit durch die Fütterung mit Schwarzwurzelblättern zur normalen Entwicklung gebracht werden kann. Daß dieses Ziel erreichbar ist, haben die leider zu früh abgebrochenen Arbeiten des Professors Harz gezeigt. Erst dann, wenn man eine Raupenrasse des Seidenspinners gezüchtet hat, welche sich bei etwa 15 bis 20° C in etwa 30 bis 32 Tagen mit Schwarzwurzelfutter zur Verpuppung bringen läßt, ist der Seidenbau bei uns in Deutschland auf derjenigen Stufe angelangt, welche die ausgedehnte Ausübung desselben in allen Teilen unseres Vaterlandes zuläßt, denn diese Temperatur läßt sich unschwer mehrere Monate erhalten.

Professor Harz ging in der Weise vor, daß er die soeben im Wärmeschrank bei 25° C ausgeschlüpften Raupen in einen Zuchtraum brachte, welcher nur 15°C warm war. Nun sind die eben ausgeschlüpften Räupchen aber ganz besonders empfindlich gegen Temperaturschwankungen, und es kann deshalb nicht Wunder nehmen, daß Harz bei der ersten Zucht nur 1,1 Prozent der

---

[10] Eine neue Züchtungsmethode des Maulbeerspinners Bombyx Mori L. mit einer krautartigen Pflanze. Stuttgart 1890, F. Enke, S. 11.

ausgekrochenen Raupen zur vollen Entwicklung brachte. Es dürfte sich deshalb empfehlen, wenn man die Zucht lediglich zu dem Zwecke unternimmt, eine gegen niedere Temperatur widerstandsfähige Rasse zu züchten, bei der Aufzucht der ersten Generation den Zuchtraum bis zur ersten Häutung das erste Mal nur wenig kühler als 25° C = 20° R, also etwa 19° R. und bis zur Verpuppung in derselben Weise nur um etwa 1° R kühler als auf der Tabelle angegeben, zu halten. Man wird auf diese Weise nicht alle Raupen gleichmäßig in der normalen Zeit zur Verpuppung bringen, sondern nur einen Teil derselben, während die übrigen entweder vorher absterben oder für die einzelnen Entwicklungsphasen längere Zeit brauchen. Nur diejenigen Raupen, welche bei dieser Pflege sich nach 30 bis 32 Tagen verpuppen, verwende man zur Weiterzucht, und zwar in der Weise, daß man bis zu der ersten Häutung die Temperatur noch auf 19° R hält, sie dann aber nach und nach auf 16° sinken läßt und erst gegen das Ende des Raupenstadiums kurz vor der Verpuppung wieder etwas erhöht.

In der dritten Generation kann man dann schon gleich in den ersten Tagen die Temperatur des Zuchtraumes etwas kühler als bisher halten. Späterhin geht man noch etwas weiter mit der Abkühlung des Zuchtraumes als bei der zweiten Generation.

Dieser Weg führt zwar langsam, aber sicher zum Ziele. Stets soll man nur solche Raupen zur Weiterzucht verwenden, welche durchaus kräftig und gesund sind und sich zuerst verpuppen. Es ist gar nicht nötig, daß man gleich sehr viele so abgehärtete Raupen erhält, denn wenn man erst einmal einen kleine Stamm Raupen gezüchtet hat, der sich bei 15 bis 20° C normal entwickelt, dann kann man in verhältnismäßig kurzer Zeit große Mengen Eier erhalten, da jedes Weibchen 300 bis 500 Eier legt. Bei der Wichtigkeit des Gegenstandes wäre es sehr wünschenswert, daß sich eine staatliche Anstalt mit einer derartigen Zucht beschäftigte, welche gleichzeitig am besten die so nötige Untersuchung der Schmetterlinge nach der Fortpflanzung vornehmen könnte. Ueberhaupt ist es dingend zu wünschen, daß nur nach Pasteurscher Weise gewonnene Eier zur Zucht verwendet werden, damit das Auftreten der Seidenraupenkrankheit nicht wieder zu so furchtbaren Verlusten führt wie früher. Aus demselben Grunde sollte auch nur derjenige sich mit der Seidenaupeneiergewinnung befassen, der imstande und in der Lage ist, die mikroskopische

Untersuchung vorzunehmen. Am besten wäre es freilich, wenn die ganze Eiergewinnung unter staatlicher Kontrolle stände.

[11]

Quelle:

http://upload.wikimedia.org/wikipedia/commons/b/b6/Udo_Dammer_um_1919.jpg

[11] http://de.wikipedia.org/wiki/Udo_Dammer.